Melanie Herrmann

Tokio: Wirtschaftliche Entwicklung und städtischer Strukturwandel

GRIN Verlag

Bibliografische Information der Deutschen Nationalbibliothek:

Die Deutsche Bibliothek verzeichnet diese Publikation in der Deutschen National-
bibliografie; detaillierte bibliografische Daten sind im Internet über http://dnb.d-
nb.de/ abrufbar.

Impressum:

Copyright © 2005 GRIN Verlag GmbH
Druck und Bindung: Books on Demand GmbH, Norderstedt Germany
ISBN: 978-3-638-66578-0

Dieses Buch bei GRIN:

http://www.grin.com/de/e-book/58132/tokio-wirtschaftliche-entwicklung-und-sta-
edtischer-strukturwandel

GRIN - Your knowledge has value

Der GRIN Verlag publiziert seit 1998 wissenschaftliche Arbeiten von Studenten, Hochschullehrern und anderen Akademikern als eBook und gedrucktes Buch. Die Verlagswebsite www.grin.com ist die ideale Plattform zur Veröffentlichung von Hausarbeiten, Abschlussarbeiten, wissenschaftlichen Aufsätzen, Dissertationen und Fachbüchern.

Besuchen Sie uns im Internet:

http://www.grin.com/

http://www.facebook.com/grincom

http://www.twitter.com/grin_com

Tokio: wirtschaftliche Entwicklung und städtischer Strukturwandel

Seminararbeit

Hauptseminar Wirtschaftgeographie II, SS 2005

Vorgelegt am Lehrstuhl für Wirtschaftsgeographie der Universität Mannheim

von

Melanie Herrmann

Mannheim, 28.05.2005

Inhaltsverzeichnis

Abbildungsverzeichnis

1 Tokio's historische Entwicklung

Bis in die Mitte des 19. Jahrhunderts war Kyoto im Zentrum der Hauptinsel die kaiserliche Hauptstadt von Japan. Als der Kaiser „die Hauptstadt nach Osten umstellte, brachte er auch den Namen „Kyo" nach Osten"[1]. Die Stadt Tokio im Osten der Insel hieß bis dahin „Edo". Die Silben „To" = „Osten" und „Kyo" = „Hauptstadt" setzen sich zum neuen Namen To-Kyo zusammen, welcher die Bedeutung östliche (kaiserliche) Hauptstadt hat.

Abbildung 1: Historische Karte von Tokio, Quelle: Wikipedia.org

Die Stadt „Edo" war bereits im 17. und 18. Jahrhundert eine der größten Städte der Welt, noch vor London und Paris. Der Name Edo bedeutet soviel wie „Tor zur Bucht". Studien zu Folge begann die städtische Entwicklung von Edo mit dem Bau der Burg Edo, die von Ota Dokan von 1456-57 gegründet wurde. Er lud die Intelligenz aus der kaiserlichen Hauptstadt Kyoto ein, so dass viele Luxuswaren in die Stadt transportiert wurden"[2] und der Stadt Geld einbrachten. Dieser Zeitraum wird als Ursprung der wirtschaftlichen Entwicklung gesehen. Die Stadt Edo, die ungefähr fünf Kilometer im Durchmesser hatte[3], wuchs schnell zu einer großen Stadt, in die zu Beginn des 17. Jahrhunderts die Regierung hin verlegt wurde. Bereits Anfang des 18. Jahrhunderts war die Bevölkerung auf eine Million Einwohner herangewachsen.

Die neue Entwicklung der Stadt Edo begann mit der Meiji-Restauration ab 1868. Die Daymio[4] verschwanden und die Einwohnerzahl betrug gerade mal noch 600.000. Erst zwölf Jahre später hatte Tokio, wie Edo von da an hieß, wieder eine Millionen Einwohner.

---

[1] O. V.: Tokio – Ein Überblick über die Geschichte Tokios, in: http://www.bmkberlin.com/tokio/geschichtetokios.html, Stand 13.04.2005.

[2] Ebd., Stand 13.04.2005.

[3] Vgl. Wegener, Michael: Modell Tokio? – Stadtplanung und Gesellschaft in Japan, in: Dortmunder Beiträge zur Raumplanung, Dortmund 1994, S. 22.

[4] Landesherren

Rickshaws und Pferdekutschen brachte die Meiji-Periode (1868 – 1912) mit sich. Um 1883 dann die Pferdebahn, die 1903 in den engen Burg-Straßen durch die elektrische Straßenbahn und den Eisenbahnverkehr ersetzt wurde. Am Ende der Meiji-Periode war die Einwohnerzahl auf 2,2 Millionen angewachsen.[5]

Am Ende der Meiji-Zeit begannen Eisenbahn- und Immobiliengesellschaften Wohnvororte für die wachsende Zahl von Büroangestellten entlang vom Yamanote-Ring in Richtung Westen zu errichten. Hintergrund dafür war, dass Fahrgäste für ihre Eisenbahn gefunden werden mussten. Die Stadt wuchs in den zwanziger und dreißiger Jahren „durch Zuwanderung und Eingemeindung auf eine Einwohnerzahl von 6,8 Millionen."[6]

Nach dem Krieg musste die zerbombte Stadt wieder aufgebaut werden. Die Pläne für eine Umstrukturierung der Stadt scheiterten an den zu geringen finanziellen Mitteln. Zudem entstand durch die Rückkehr der Japaner aus dem Krieg und der Land-Stadt-Wanderung eine Wohnungsnot. Die Folgen davon waren hohe Mietpreise für Wohnungen mit sehr niedriger Qualität. 1955 hatte Tokio mit 7 Millionen Einwohnern mehr als vor dem Krieg. In den sechziger Jahren, in der Zeit des Wirtschaftswachstums, wuchs die Stadtregion von Tokio um 600.000 Einwohner pro Jahr von 18 Millionen auf über 24 Millionen bis 1974. Das rasante Wachstum ist auf einen Geburtenüberschuss und auf Zuwanderung zurück zu führen. Der zunehmende Wohnungsbedarf konnte nur durch weitere Errichtung von Einfamilienhäusern in den Außenbezirken und durch Hochhauskomplexe mit Mietwohnungen für Haushalte mit mittleren Einkommen gedeckt werden. In Verbindung damit gewann auch die Ver-

Jahr	Einwohner	Jahr	Einwohner
1872	595.900	1940	6.778.804
1877	796.800	1947	4.177.548
1881	823.600	1. Oktober 1950	5.385.071
1884	914.300	1. Oktober 1955	6.969.104
1887	1.121.900	1. Oktober 1960	8.310.027
1891	1.268.900	1. Oktober 1965	8.893.094
1898	1.440.100	1. Oktober 1970	8.840.942
1904	1.818.700	1. Oktober 1975	8.646.520
1908	2.186.100	1. Oktober 1980	8.351.893
1914	2.050.100	1. Oktober 1985	8.354.615
1920	2.173.201	1. Oktober 1990	8.163.573
1925	1.995.567	1. Oktober 1995	7.967.614
1930	2.070.913	1. Oktober 2000	8.134.688
1935	5.875.667	1. Januar 2005	8.336.611

Tabelle 1: Die Einwohnerzahlen in den 23 Hauptbezirke im Überblick, Quelle: Wikipedia.org

[5] Siehe Wegener, Michael: Modell Tokio? – Stadtplanung und Gesellschaft in Japan, in: Dortmunder Beiträge zur Raumplanung, Dortmund 1994, S. 22ff. .
[6] Ebd., S. 23.

kehrsplanung noch mehr an Bedeutung. Vor allem der öffentliche Nahverkehr, der die zunehmende Enge in den Nahverkehrszügen im Berufsverkehr zu verbessern versuchte.

Lange wurde dem Straßenbau in Tokio wenig Beachtung geschenkt. Erst vor der Olympiade 1964 wurde in Form von Hochstraßen „ein ausgedehntes Netz von Stadtautobahnen über sein kleinteiliges, unregelmäßiges Straßennetz"[7] gelegt. Dem Bild der Stadt hat diese Veränderung nachhaltig geschadet.

In den folgenden Jahren wuchsen die Stadt und deren Bevölkerung stetig weiter an.[8]

---

[7] Wegener, Michael: Modell Tokio? – Stadtplanung und Gesellschaft in Japan, in: Dortmunder Beiträge zur Raumplanung, Dortmund 1994, S. 23.
[8] Siehe Auswärtiges Amt: Japan auf einen Blick,
in: http://www.auswaertiges-amt.de/www/de/laenderinfos/laender/laender_ausgabe_html?type_id=2&land_id=69, Stand 15.04.2005.

2 Problemstellung der sich Tokio gegenübersieht

Die Megastadt Tokio und deren Hauptakteure für strategische Stadtentwicklung in Verwaltung, Politik und Wirtschaft stehen vor neuen Herausforderungen. Neue Wirtschaftszweige, ein nach Standorten differenzierter wirtschaftlicher Strukturwandel, veränderte Wettbewerbsbedingungen, die Auswirkungen von technologischen Innovationen, neue Standortkonzentrationen und auch die Folgen der Seifenblasenwirtschaft gilt es in die Stadtentwicklung mit einzubeziehen. Die gestaltet sich nicht einfach bei steigenden Bevölkerungszahlen mit zugleich hoher Bevölkerungs- und Wirtschaftskonzentration innerhalb der Metropolregion.

Im Folgenden soll die Bevölkerungsentwicklung im Großraum Tokio, den steigenden Bodenpreisen und die zunehmende Bevölkerungsdichte und deren Entwicklung aufgezeigt werden. Weiter werden die einseitige Entwicklung und die Stadt als Metrokomplex und deren Anziehungskraft vorgestellt. Welche Möglichkeiten und Strategien gab es in der Vergangenheit um der Bevölkerungs- und Wirtschaftskonzentration in Tokio entgegenzuwirken. Welche Strategien gibt es aktuell, um die Stadt für die Bevölkerung und Wirtschaft attraktiv und zugleich funktionell zu gestalten. Die Reindustrialisierung und die Arbeitsplatzentwicklung sind dabei ein elementarer Bereich der Stadt- und wirtschaftlichen Entwicklung. Anhand der stadtstrukturellen Entwicklungen an der Waterfront i. V. m. der Rainbow Town werden ökonomische Restrukturierung und der Trend hin zur Reurbanisierung und Rezentralisierung belegt. Abschließend ein kleiner Ausblick über Tokio's mögliche Zukunft und mögliche Entwicklungen der kommenden Jahre.

3 Metroplex und Gobal City

Im engsten Sinne werden mit Tokio 23 Stadtbezirke („Tokyo-ku") mit ca. 8 Mio. Einwohnern bezeichnet. Dagegen hat die Präfektur[9] („Tokyo-to) von Tokio ca. 12 Millionen Einwohner bei einer Fläche von 2.102 km^2. Die Bevölkerungsdichte liegt bei 5.400 Menschen pro Quadratkilometer. Der Großraum Tokio, welcher auch als „Metropolregion Tokio" verstanden wird, hat über 30 Millionen Einwohner und untergliedert sich in die Präfektur Tokyo, Saitima, Kanagawa, Chiba. Die Einwohnerdichte ist mit 2.404 Einwohnern pro Quadratkilometer geringer als im Regierungsbezirk ist. Für eine feinere Untergliederung der Region siehe Abbildung 2.[10]

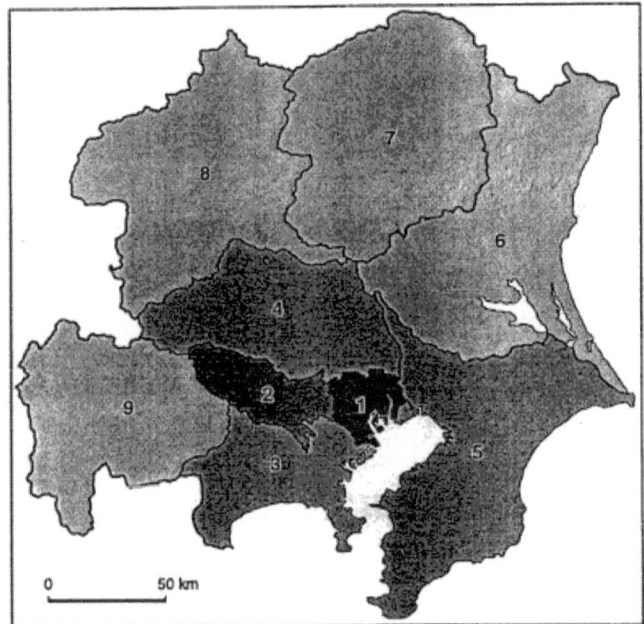

Großregion Tôkyô: Administrative Gliederung, Bevölkerung und Bevölkerungsdichte 1995

Quellen: Kokudo-chô Daitoshi-ken Seibi-kyoku (1997:II-12, 13); Yano Tsuneta Kinenkai (1996:76, 83); eigene Berechnungen
Bearbeitung: T. Feldhoff
Kartographie: H. Krähe

Abbildung 2: Großregion Tokio: Administrative Raumgliederung und Bevölkerungsdichte 1995; Quelle: Flüchter 1997, S.30

	Bevölkerung am 1.10.1995 (1 000)	Fläche am 1.10.1995 (km²)	Bevölkerungsdichte am 1.10.1995 (Einw./km²)
1 Tôkyô-ku (23 Stadtbezirke)	7966	621	12828
2 Tôkyô (Westregion Santama und Inseln)	3806	1566	2430
3 Kanagawa-ken	8246	2413	3417
4 Saitama-ken	6759	3797	1780
5 Chiba-ken	5798	5156	1124
6 Ibaraki-ken	2956	6094	485
7 Tochigi-ken	1985	6408	310
8 Gunma-ken	2004	6363	315
9 Yamanashi-ken	882	4465	198
1–5 Metropolregion Tôkyô	32575	13553	2404
1–9 Hauptstadtregion	40402	36883	1095
Japan insgesamt	125569	372787[1]	337

[1] Fläche ohne Süd-Kurilen (Inseln Habomai, Shikotan, Kunashiri, Etorofu) und ohne Takeshima

---

[9] Mit Präfektur wird hier der (Regierungs-) Bezirk Tokio bezeichnet.
[10] Vgl. Flüchter, Winfried: Megastadt Tôkyô – „Monster" oder „Modell"?, in Geographie und Schule, Band 19, Heft 110, S. 30.

Zum Vergleich: Das Land Japan hat insgesamt ca. 127 Millionen Einwohner und eine Bevölkerungsdichte von ca. 336 Menschen pro Quadratkilometer. Demnach wohnen und arbeiten fast ein Viertel der Bevölkerung im Großraum von Tokio.[11] Die Hauptstadtregion („Tokyo-ken") Tokio umfasst die Präfektur Tokyo, Saitama, Kanagawa, Chiba, Ibaraki, Tochigi, Gunma, Yamanashi.[12]. Sie erstreckt sich innerhalb eines Radius von 100 km und hat über 40 Mio. Einwohner. Pro Quadratkilometer leben dort ca. 1.095 Einwohner.

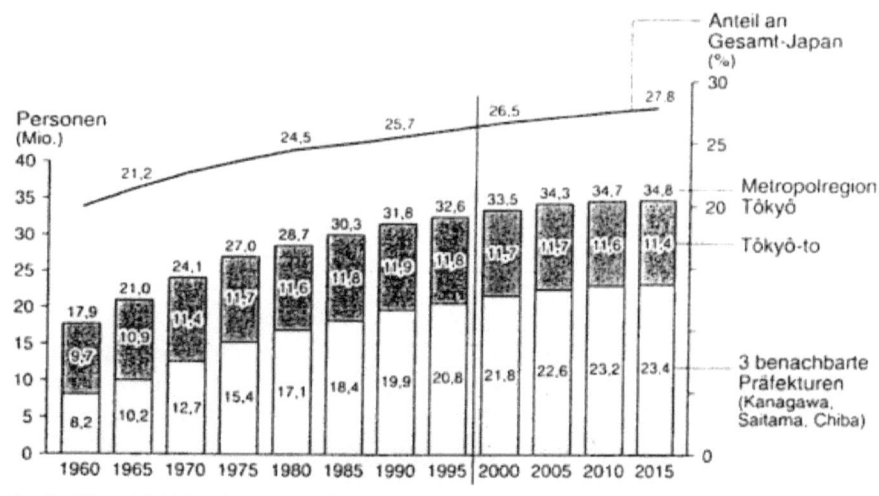

Abbildung 3: Metropolregion Tokio: Bevölkerungswandel und Bevölkerungsprognose 1960-2015; Quelle: Flüchter 1997, S. 31.

Für 2015 wird für die Metropolregion eine Bevölkerung von etwas 35 Mio. Einwohnern prognostiziert. Die Entwicklung der Bevölkerung in Tokio der letzten und kommenden Jahre ist in Abbildung 3 dargestellt. Tokio wird und ist „der weltweit größte urbane Agglomerationsraum"[13].

Tokio wird aufgrund seiner Eigenschaften auch als Megaplex oder Metroplex bezeichnet. Die Bezeichnung Metroplex, analog auch Metropolkomplex, stehen für eine Metropolregion, die sich aus mehreren Millionenstädten herausgebildet hat mit insgesamt mehr als fünf Millionen Einwohnern. Dabei sind die verbliebenen ländlichen Gebiete äußerst gering. Tokio-Yokohama steht derzeit für den größten Metrokomplex. Der Begriff Megaplex steht für die Zusammengewachsenen Megastädte, wie auch im Fall der Metropolregion Tokio.

---

[11] Auswärtiges Amt: Japan auf einen Blick,
in: http://www.auswaertiges-amt.de/www/de/laenderinfos/laender/laender_ausgabe_html?type_id=2&land_id=69, Stand 15.04.2005.
[12] Feldhoff, Thomas: Pendelverkehr im Ballungsraum Tokyo, in: Geographie heute, Heft 158 (1998), S. 16.
[13] Flüchter, Winfried: Megastadt Tôkyô – „Monster" oder „Modell"?, in Geographie und Schule, Band 19, Heft 110, S. 30.

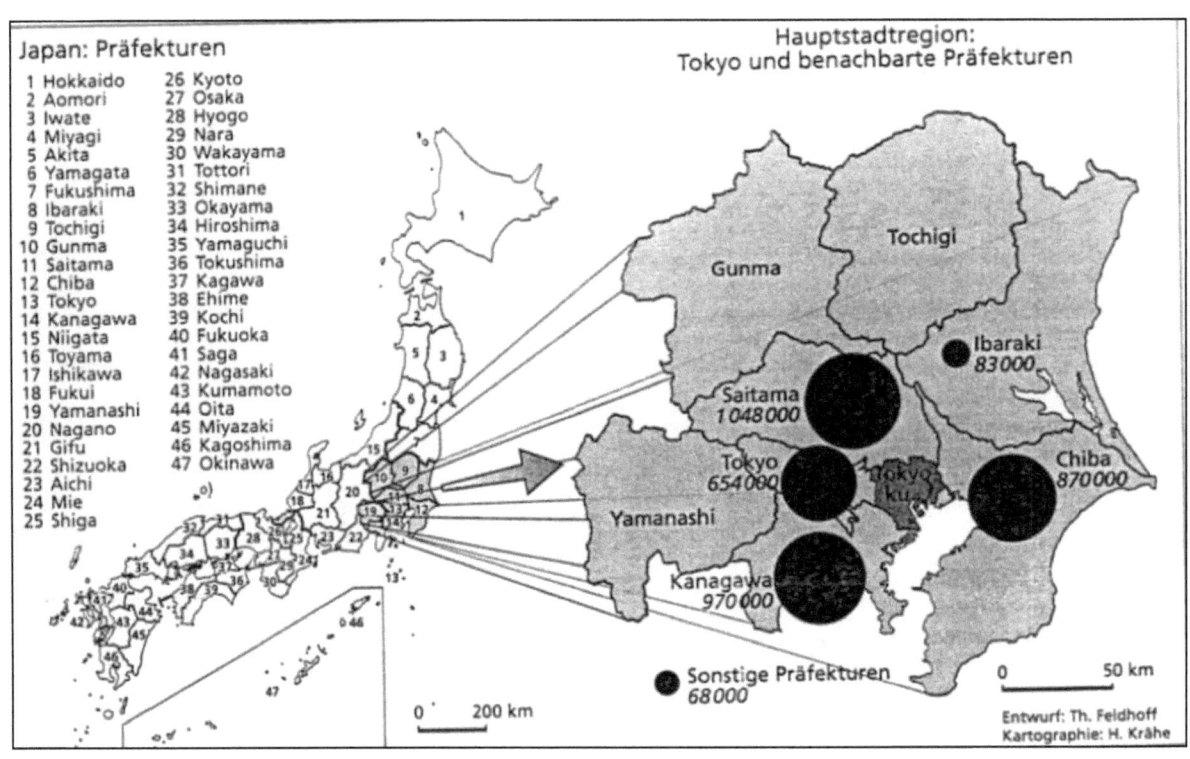

Abbildung 4: (oben) Einpendler nach Tokyo-ku nach Herkunftsgebieten 1995; Quelle: Feldhoff 1998, S. 16

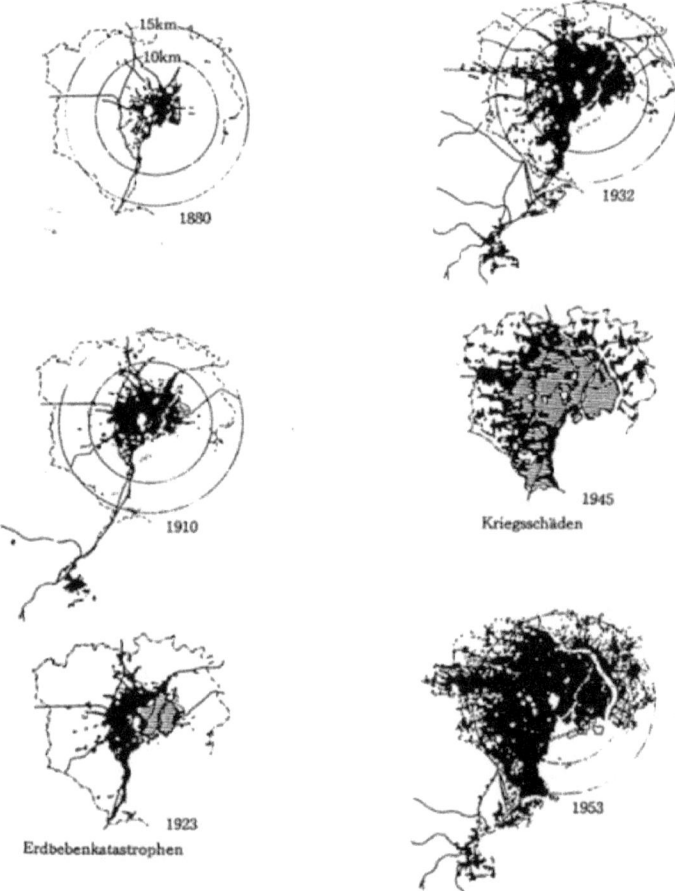

Abbildung 5: Die Entwicklung von Tokio von 1880 bis 1953; Quelle: Erdkunde-online

Die Stadt breitete sich erst in der Nachkriegszeit aus. Die Grenzen verlaufen fingerförmig und sind zugleich eine Art Leitlinie für Bodenpreise und Verstädterung. Die Wohnfunktion der Stadt wird verstärkt durch die Tertiärisierung bzw. Quartiärisierung[14] verdrängt. Die Preise für stadtnahe Wohnungen steigen rapide. Je näher die Wohnung am Bahnhof und je schneller das Stadtzentrum mit den Massenverkehrsmitteln zu erreichen ist, desto teurer sind

---

[14] Rückgang der Wohn- zugunsten immer höherrangiger Dienstleistungsfunktion.

die Boden- und Mietspreise. „Innerhalb der Agglomeration Tôkyô verlagerten sich die Schwerpunktringe des Bevölkerungswachstums vom Ballungskern in die Außengebiete."[15] Flächenknappheit und die vorhandene Raummenge sind große Probleme von Tokio. „In der Boomphase der „Seifenblasenwirtschaft" Ende der 80er Jahre erreichten die Bodenpreise im Zentrum Tôkyôs unglaubliche Spitzenwerte, im Extrem bis zu 1 Millionen DM/m^2!"[16] Zum Beispiel kostet eine Studentenwohnung „Apato", meist unmöbliert, ein Zimmer mit eingebautem Wandschrank mit 4,5 bis 7 qm ca. 200€ bis 300€/Monat. Ein Zimmer mit Kochnische und separater Nasszelle, welches etwas 9 qm hat, gibt es für ca. 300€/Monat bis 520€/Monat.[17] Ursachen für diese Bodenpreisentwicklung waren auch die Bodenspekulationen während der *bubble economy*. Gleichzeitig ist sie ein Zeichen für positive Urbanisierungseffekte. Zudem ist Tokio für ausländische Unternehmen attraktiv geworden: „Der Abbau der Handelshemmnisse, die Möglichkeit, ausländische Produkte aufgrund des starken Yen dem japanischen Kunden relativ preisgünstig näherzubringen, das Studium des japanischen Marktes, die Chance, neueste technologische Entwicklungen vor mitzuverfolgen."[18]

		Nettokaltmiete je m^2 in € für eine 3-Zimmer-Wohnung mit 70 Quadratmeter Wohnfläche			
		Berlin/West	Hamburg	Mannheim	München
	Einwohner	3,4 Mio.	1,7 Mio.	0,34 Mio.	1,3 Mio.
Fertigstellung	Altbau bis einschl. 1948	4,3	6,66	4,6	10
	Altbau von 1949 bis 2001	5	6.79	5,15	10
	Neubau ab 2002	5,8	8,75	6,4	11,75

**Tabelle 2: Nettokaltmiete pro m^2 in € für vier deutsche Städte;
Quelle: Focus-Online: Mietspiegeldatenbank Stand 2005**

---

[15] Flüchter, Winfried: Megastadt Tôkyô – „Monster" oder „Modell"?, in: Geographie und Schule, Heft 110 (1997), S. 32.
[16] Ebd., S. 32.
[17] Vgl. O. V., Studienführer Japan – Unterkünfte, in: http://www.geophysik.uni-kiel.de/~geo43/other/studienfuehrerjapan/leben/unterkunft.html, Stand 22.05.2005.
[18] Flüchter, Winfried et al: Bodenpreisprobleme im Ballungsraum Tôkyō – Raumstrukturen, Ursachen, Wirkungen, Strategien, in: Geographische Rundschau, Heft 42 (1990), S. 197.

Der Metropolkomplex Tokio ist das Finanz-, Industrie-, Handels- und Kulturzentrum von Japan. Diese Zentren einseitiger Ballungs- und Hierarchisierungsprozesse entstanden durch die Konzentration höchstrangiger zentraler Dienstleistungen, die die Wirtschaft anziehen.[19] Eine unipolare Konzentration auf Tokio. Es scheint eine Art „Muss-Kriterium" für eine Firma, in der Hauptstadt eine Vertretung oder dort den Hauptsitz zu haben. Der Ursprung dieser einseitigen Entwicklung lag bereits in der Zeit der Verlegung der Hauptstadt Kyoto nach Tokio. Weiter wurden durch die Austragung der Olympischen Spiele im Jahre 1964 in Tokio die wichtigen Infrastruktureinrichtungen ausgebaut, was der Hauptstadt weiteres Entwicklungspotential für die Zukunft und starkes Wachstum brachten. „Die Globalisierung der japanischen Wirtschaft seit 1985 für den bisher letzten und international stärksten Anreiz weiterer Konzentration höchster zentraler Funktionen in der „Global City" Tôkyô."[20]

Täglich pendeln in die Präfektur Tôkyô mehr als 3 Mio. Berufspendler ein, wie auch aus Abbildung 4 zu ersehen. Es finden sich verschiedene Konzentrationen in unterschiedlichen Branchen, wie in Tabelle 3 zu sehen ist. „Hinzu kommen die Hauptstadtfunktionen und die nationale Symbolwirkung Tôkyôs als Residenz des Kaisers."[21] Weiter ist die Präfektur Zentrum der Medienwirtschaft und 30% der japanischen IT-Unternehmen der Sparten Software, Informationsverarbeitung und Internet haben dort ihren Sitz. „Von diesen haben 91% ihren Standort auf dem Gebiet der 23 Stadtbezirke mit einer deutlichen Konzentration in den fünf zentralen Bezirken Chiyoda, Minato, Shibuya, Shinjuku und Chùó."[22]

---

[19] Siehe Flüchter, Winfried: Megastadt Tôkyô – „Monster" oder „Modell"?, in: Geographie und Schule, Heft 110 (1997), S.30.
[20] Ebd., S. 31.
[21] Hohn, Uta: Ökonomischer und stadtstruktureller Wandel in der Global City Tôkyô – Von *Rainbow Town* über *Bit Valley* zu *Sillicon Alley*, in: Zeitschrift für Wirtschaftsgeographie, Heft 3/4 (2002), S. 229.
[22] Ebd. S. 229.

Branche	Präfektur Tokio	Metropolregion Tokio
Japan-Zentralen ausländischer Banken	80 %	88%
Ausländische Banken	73%	74%
Hauptverwaltungen der größten japanischen Unternehmen (Grundkapital > 5 Mrd. ¥)	55%	60%
Studierende an den Universitäten	25%	41%

Tabelle 3: Konzentrationen in der Präfektur und in der Metropolregion von Tokio gegenüber gestellt, Quelle: Siehe Hohn 2002, S.229

4 Ökonomischer Strukturwandel und stadtstrukturelle Folgen

„Prozesse der Deindustrialisierung, der Umstrukturierung der Hafen und Transportwirtschaft, der Tertiärisierung, Quartierisierung und innovationsorientierten Reindustrialisierung haben vor allem seit Mitte der achtziger Jahre die Stadtstruktur Tôkyôs entscheidend verändert."[23] Die Zahl der Beschäftigten innerhalb der Industrie in der Präfektur nehmen stetig ab. Von 1985 bis 2000 um mehr als 380.000. Im Zeitraum von 1990 bis 2000 schlossen in der Präfektur Tokio ca. 18.000 Industriebetriebe, was einem gleichzeitigen Verlust von 240.000 Arbeitsplätzen entsprach. Im Dezember 2000 arbeiteten gerade noch 15% im Industriebereich.

Weiterer Grund für den Industrieschwund ist die Aufwertung des Yen in dieser Zeit, der eine Welle von Produktionsverlagerungen ins Ausland, wie beispielsweise nach China, aufkommen lies. In China waren die Löhne um bis zu 80% niedriger als in Japan, was den japanischen im Ausland produzierenden Unternehmen erhebliche Kostenvorteile einbrachten. Darunter hatten die inländischen Produktionsbetriebe zu leiden. Aufträge wurden wegen der Billigkonkurrenz zunehmend weniger an japanische Firmen vergeben

---

[23] Hohn, Uta: Ökonomischer und stadtstruktureller Wandel in der Global City Tôkyô –
Von *Rainbow Town* über *Bit Valley* zu *Sillicon Alley*, in: Zeitschrift für Wirtschaftsgeographie, Heft 3/4 (2002), S. 229.

bzw. nicht an solche mit Produktionsstätten im Inland. Ohne die gute Entwicklung der „weichen"-Produktion, wie die Sparten Software, Internet-Informationsdienste, etc., hätte die Entwicklung weit schlechter dagestanden.

Die Deindustrialisierung von Tokio kann nicht alleine mit dem Streben nach Globalisierung und den Folgen eines allgemeinen Strukturwandels begründet werden. Vielmehr sind wirtschaftspolitische Entscheidungen ursächlich dafür. 1959 wurde das „Gesetz zur Einschränkung von Industrie im bereits existierenden Stadtgebiet der Hauptstadtregion" und weiter 1972 ein „Gesetz zur Förderung von Industrieverlagerungen" erlassen.[24] Diese führten zu einem regionalen Hollowing Out Prozess, der die Ansiedlung und Erweiterung von bspw. Industriebetrieben, Universitäten innerhalb von Tokyo-to, Teilen von Tokyo-ku, sowie in Yokohama, Kawasaki und Kawaguchi in den zentralen Stadtgebieten beschränkte. Es durften ab diesem Zeitpunkt keine Grundstücke über 500 m^2 für einen Neubau oder für eine Erweiterung verwendet werden. Dies war ein Versuch, um der Konzentration der Bevölkerung entgegenzuwirken. In der Tokio-Metropolregion leben ein Viertel der Japaner.

Die Gebiete ohne Auflagen hatten folgend eine deutliche Zunahme von Industriebetrieben: Um 1960 waren es um die 450.000. Bis 1985 stieg die Zahl bis auf 1.140.000 Industriebetriebe. Jedoch siedelten die Firmen in Japan überwiegend immer noch nahe der Ballungszentren an, weil dort auch ihr Humankapital zu finden war. Die Dekonzentration der Bevölkerung vollzog sich nicht. Später breitete sich auch in den nicht beschränkten Regionen der Hollowing-Out-Prozess aus. Die Zahl der Betriebe betrug 1999 nur noch 960.000. Vor allem die süd- und ostasiatischen Staatenprofitierten davon.

Erst 1999 reagierte der Gesetzgeber auf die Entwicklung von umwelt- und stadtverträglichen Produktionstechniken und auf die neuen „weichen" Industriesparten. Die veralteten Gesetze wurden angepasst. In bestimmten Gebieten und für bestimmte Produktionssparten durften nun statt bisher 500 m^2 bis zu 1.500 m^2 zur industriellen Bebauung oder Erweiterung genutzt werden. Das industriell genutzte Neuland der Keihin-Industriezone wurde von den Auflagen befreit, um eine ökonomische Restrukturierung zu ermöglichen. 2002 wurden diese Gesetze vollständig abgeschafft.[25]

---

[24] Siehe Hohn, Uta: Ökonomischer und stadtstruktureller Wandel in der Global City Tôkyô –
Von *Rainbow Town* über *Bit Valley* zu *Sillicon Alley*, in: Zeitschrift für Wirtschaftsgeographie,
Heft 3/4 (2002), S. 230f.
[25] Siehe Ebd., S. 230-232.

Jedoch waren hiermit nicht die „Probleme der stadtstrukturell bedingten Lageungunst insbesondere für zahlreiche KMU[26]" behoben.[27] Über 40% der Betriebe innerhalb der Präfektur von Tokio befinden sich in Gebieten, die im Flächennutzungsplan als Wohn- und Geschäftsgebiete ausgewiesen sind. Sind werden von dort nicht vertrieben, aber haben auch keine Möglichkeit oder es ist untersagt Erweiterungen und Neubauten zu tätigen. Die anderen 60% der Betriebe befinden sich zumeist in Wohn-Gewerbe-Mischgebieten. Aufgrund der engen Straßen ergeben sich viele Probleme bei der Anlieferung und Versendung von Produkten. Auch werden immer mehr stillgelegte, brache Industrieflächen für den Wohnungsbau genutzt. Durch den unvermeidlichen Industrielärm sind Konflikte mit der örtlichen Bevölkerung auf der Tagesordnung. Der Druck auf die Unternehmen wächst. Zum Teil wird sich dieses Problem durch altersbedingte Betriebsaugaben von selbst lösen.

Bei über 90% Industriebetriebe innerhalb von Tokyo-ku und in über 50% in den 23 Stadtbezirken Tokyo-to handelt es sich um Kleinbetriebe, die weniger als 20 Mitarbeiter beschäftigen. Entsprechend klein sind auch die brachen Flächen, die sich zum Beispiel bei Geschäftsaufgaben ergeben. Diese sind zudem in der Region von Tokio zerstreut. Hinzu kommen größere brache Plätze durch Stilllegung von Güterbahnhöfen, Lager- und Hafenflächen. Große freie Gebiete haben bei entsprechender Lage ein großes Potenzial bzw. stellen ein „window of opportunity" für die künftige städtische Entwicklung dar. 1996 hatte Tokio-ku um die 5.800ha öde Flächen oder Gebiete, die nur vorübergehend einer bestimmten Nutzung unterlagen. „Selbst der Bauboom während der *bubble economy* hatte diese Bilanz nicht ändern können."[28] Die meisten dieser Gebiete mit 1.036ha fanden sich 1991 in Kôtô. In diesem Bezirk liegt ein großer Teil der Neulandflächen zum Aufbau der *Rainbow Town* in der Bucht von Tokio sowie weitere Umnutzungsgebiete an der Waterfront.

---

[26] Kleine und mittlere Unternehmen
[27] Hohn, Uta: Ökonomischer und stadtstruktureller Wandel in der Global City Tôkyô –
   Von *Rainbow Town* über *Bit Valley* zu *Sillicon Alley*, in: Zeitschrift für Wirtschaftsgeographie, Heft 3/4 (2002), S. 232.
[28] Ebd., S. 232.

5 Ökonomische Restrukturierung und Reurbanisierung an der Waterfront von Tokio

Eine der auffälligsten stadtstrukturellen Wandlung findet sich derzeit auf den ehemaligen Neulandflächen in der Bucht von Tokio. Ca. 6 km vom Stadtzentrum von Tokio entfernt, befinden sich um den Hauptbahnhof seit Ende der achtziger Jahre die *Rainbow Town* im Aufbau. Die *Rainbow Town*, welche bis 1997 Namen *Teleport City* hieß, soll sich auf einer Fläche von 442ha zum siebenten innerstädtischen Nebenzentrum Tokios

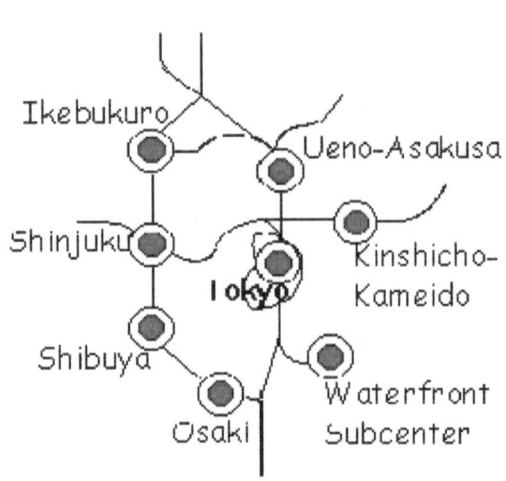

Abbildung 6: Die sieben Nebenzentren Tokios, Quelle: Gøtze 1995

entwickeln. Geplant wurde diese Flächennutzung zu Zeiten der *bubble economy*. Politiker, Investoren und andere Interessenten gingen angesichts der hohen Miet- und Pachtpreise und einer hohen Nachfrage von einer schnellen Amortisierung der gesamten notwendigen Investitionen, vor allem auch die in die Infrastruktur, aus. Durch die Umsetzung dieses Projektes sollte auch der Zentrumsbereich vom Nachfragedruck nach Büroflächen Entlastung finden und ein Puffer gegen die rasch steigenden Bodenpreise

bilden. Daneben bestand auf nationaler Ebene ein großes Interesse darin, Tokio ökonomisch für die Zukunft vorzubereiten und die Hauptstadt als Global City zu positionieren.

Durch eine Pull-Strategie wurde versucht Unternehmen, deren Wirtschaftszweig eine positive Zukunftsentwicklung erhoffte, zur Ansiedlung zu bewegen. Ein steuerlicher Anreiz und Subventionen dienten als Lockmittel. Vor allem Unternehmen aus den Bereichen Information und Kommunikation, Medien, Mode und Design sollten sich an dem Standort niederlassen. Der Bau von Ausstellungs- und Kongresszentren wie bspw. Tôkyô Bay Sight und Ariake Süd wurden gefordert. Auch für Start-up-Unternehmen stellte man ‚Inkubator-Büros', die subventioniert wurden, zur Verfügung. Diese werden jedoch bis heute nur von wenigen in Anspruch genommen und stehen heute leer oder wurden von Software-Töchtern großer Unternehmen bezogen.

Abbildung 7: Konzeptzeichnung des Tokyo Telecom Center, Quelle: Gøtze 1995

Während der Planung ging der in Quadranten unterteilte Entwurf von ursprünglich 110.000 Arbeitsplätzen und einem neuen Wohnbevölkerungspotenzial von 60.000 aus. Als Zeichen der ökonomischen Stärke, Modernität und Internationalität diente der Bau des Telecom Center. In Form eines futuristischen Triumpfbogen *Teleport Town* hat er die Funktion eines Schaufensters, welches durch architektonische Elemente die Macht symbolisieren sollte.[29]

Mit dem Zerplatzen der Seifenblase und den daraus resultierenden sinkenden Bodenpreisen und der fehlenden Nachfrage von Investorenseite, folgte eine schwere Finanzkrise. Nach einer erneuten Überprüfung der Planung wurde das Arbeitsplatzpotenzial der *Rainbow Town* auf 70.000 Stellen und die Wohnbevölkerungszahl auf 42.000 korrigiert. Alternative Nutzungskonzepte wurden dafür gesucht. Zudem sollte aber auch jeder Quadrant des Gebietes multifunktional sein, nach dem Leitbild der kompletten Stadt.

Für 2015 ist die Fertigstellung der *Rainbow Town* geplant. Das gesamte Projekt wird bis dahin gut 4,9 Billionen Yen (ungefähr 36Mrd. €) verbraucht haben, die sich frühestens 2036 amortisiert haben werden. Bis Ende 2001 gab es bereits 34.000 Arbeitsplätze (ca. 49% der geplanten). Allerdings betrug die Wohnbevölkerung gerade 13,4% der geplanten 42.000, was allerdings auch damit zu begründen ist, dass der eigentliche Wohnungsbau erst 2008 beginnt. Die Waterfront wird insgesamt einen großen Beitrag zur Reurbanisierung des inneren Stadtgebietes leisten.[30] Wieder ein Weg hin zur Konzentration der Bevölkerung innerhalb der Stadtgebiete. Genau umgekehrt dem, was die Politik Jahre zuvor mit Ihren Gesetzen erreichen wollte. „Ingesamt werden in Rainbow Town 60% der Wohnungen im Rahmen des öffentlichen Wohnungsbaus errichtet werden, da stadtentwicklungspolitisch ausdrücklich eine Mischung der Bevölkerung nach Einkommens-, Alters- und Lebensstilgruppen intendiert ist."[31] Es wird dadurch auch versucht der in-

---

[29] Siehe Hohn, Uta: Ökonomischer und stadtstruktureller Wandel in der Global City Tôkyô –
    Von *Rainbow Town* über *Bit Valley* zu *Sillicon Alley*, in: Zeitschrift für Wirtschaftsgeographie,
    Heft 3/4 (2002), S. 232-234.
[30] Siehe Ebd., S. 234-236.
[31] Hohn, Uta: Renaissance des innerstädtischen Wohnens in Tôkyô, in: Geographische Rundschau,
    Heft 51 (2002), S. 8.

nerstädtischen Überalterung entgegenzuwirken, die im Jahr 2000 bei 18% innerhalb der drei zentralen Stadtbezirke lag. Weiter wird durch diese Mischbevölkerungsstrategie versucht, potenziellen „Armenvierteln" bzw. potenziellen sozial schwachen Stadtgebieten vorzubeugen.[32]

Ökonomische Hintergründe der Reurbanisierung sind hauptsächlich auf den starken Preisverfall der Wohngrundstückspreise, vor allem auch in erstklassigen Lagen, zurück zu führen. Viele Grundstücke, die während der Seifenblasenwirtschaft zur Spekulation gekauft wurden, mussten nach dem zerplatzen wegen hoher Verschuldung schnell verkauft oder einer schnellen, gewinnbringenden Nutzung zugeführt werden. Damit sind die Preisunterschiede zur Peripherie deutlich geschrumpft und wirkt auch für die Wohnbevölkerung aus finanzieller Sicht wieder anziehender. Sehr niedrige Zinsen, Zuschläge und Subventionen sind weitere wirtschaftlicher Anreiz für die Investoren.

Auch aus Sicht der Versorgungs- und Freizeitangebote, der beträchtliche Zeitgewinn durch zentrale Standorte und die damit verbundene verringerte Pendelzeit üben weiter eine große Anziehungskraft auf die Wohnbevölkerung aus. Die Multifunktionalität dieses Gebiets kann der Planung zufolge mit dem Bild der kompletten Stadt gleichgesetzt werden. Jedes der Quadranten innerhalb der Rainbow Town hat für die Zukunft das Potenzial dafür. Wohnen, Arbeiten, Freizeit, u. v. m. kann überwiegend innerhalb des Viertels nachgegangen werden.[33]

Der aktuelle Trend führt hin zur Rezentralisierung beim Bau qualitativ hochwertiger und technologisch sehr gut ausgestatteten Bürohochhäusern in zentralen Lagen mit guter Verkehrsmittelanbindung. In den Jahren 2002 und 2004 kamen insgesamt mehr neue Büroflächen auf den Markt als in den Jahren 1992-1994 während der *bubble economy*. Die Immobilienwirtschaft hat allerdings keine Bedenken, dass Preisverfall und Leerstand den neuen in erstklassiger Lage gebauten Bürogebäude drohen. Vielmehr wird damit gerechnet, dass es viele alte Bürogebäude treffen wird. Für diesen Fall gibt es schon Pläne einer Umnutzung zu Wohnzwecken.[34]

---

[32] Siehe Ebd., S. 5.
[33] Siehe Ebd., S. 4-11.
[34] Siehe Hohn, Uta: Ökonomischer und stadtstruktureller Wandel in der Global City Tôkyô –
Von *Rainbow Town* über *Bit Valley* zu *Sillicon Alley*, in: Zeitschrift für Wirtschaftsgeographie,
Heft 3/4 (2002), S. 236.

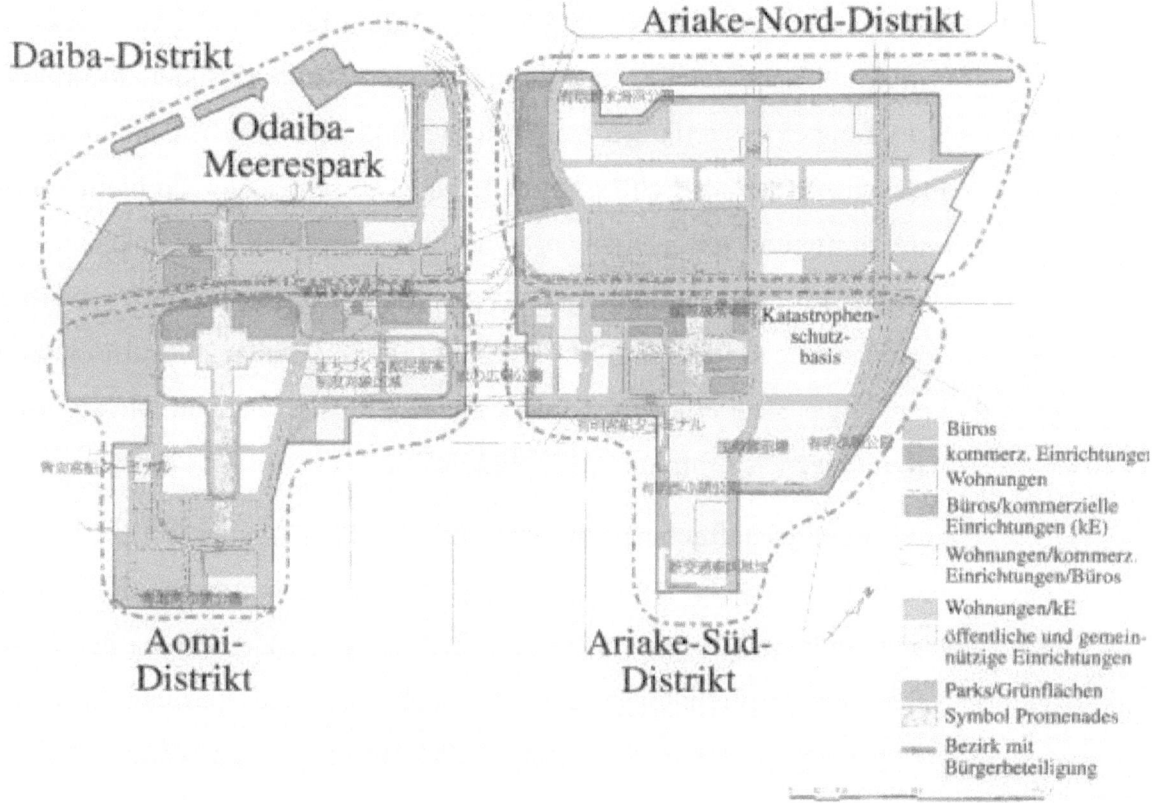

Flächennutzungsplan RAINBOW TOWN

Daiba-Distrikt

Ariake-Nord-Distrikt

Odaiba-
Meerespark

Katastrophen-
schutz-
basis

Aomi-
Distrikt

Ariake-Süd-
Distrikt

Büros
kommerz. Einrichtungen
Wohnungen
Büros/kommerzielle
Einrichtungen (kE)
Wohnungen/kommerz.
Einrichtungen/Büros
Wohnungen/kE
öffentliche und gemein-
nützige Einrichtungen
Parks/Grünflächen
Symbol Promenades
Bezirk mit
Bürgerbeteiligung

RAINBOW TOWN im November 1997

Quelle: Tôkyô-to kôwan-kyoku 1998, S.9.

Abbildung 8: Flächennutzungsplan und Areal der Rainbow Town

6 Ausblick

Die großen brachen Flächen in attraktiver, zentraler Lage in Tokio haben großes Entwicklungspotenzial für die Stadt. Im Vordergrund der Stadtentwicklungsstrategien stehen Multifunktionsfähigkeit, ökonomischer Strukturwandel, Reurbanisierung und die Schaffung einer vertikalen Stadt mit Symbolkraft.[35] Die Entwicklungspotenziale bracher Flächen wurden als Schlüssel zur Lösung verschiedener Probleme erkannt und werden auch in Zukunft als „*window of opportunity*" genutzt. Die verschiedenen Stadtteile bzw. die brachen Flächen werden in sich nach und nach restrukturiert werden. Dabei werden die einzelnen Gebiete in ihrer Ausstattung die Leistungs- und Funktionsfähigkeit einer kompletten Stadt erhalten. Tokio könnte sich zu einer Stadt, die aus vielen kleinen Städten mit eigenen Zentren besteht, entwickeln.

Aus bauwirtschaftlicher Sicht wird sich der Trend weiter hin zum Bau von Wohnhochhäusern entwickeln. Somit können Baukosten, die immer noch hohen Bodenpreise entlasten und ermöglichen zudem eine enge räumlich Vernetzung der Funktionen bei vertikaler Funktionstrennung. Nach und nach wird eine Verdichtung und Umnutzung der freien Flächen, wie auch an der Waterfront in anderen Städten der Welt zuvor umgesetzt, durch den geplanten städtischen Strukturwandel entstehen. Die zunehmend vertikale Stadt wird sich zu einem immer stärker werdenden Kontrast zu den äußeren Stadtbezirken und dem sich anschließenden suburbanen Raum entwickeln. Die Vororte werden lediglich wenige Hochhausinseln an den Verkehrsknotenpunkten des öffentlichen Nahverkehrs aufweisen. Erst die Zukunft und die Umsetzung der vertikalen Stadt werden entscheiden, ob eine hohe Bevölkerungs- und Funktionsdichte und ausgefeilte hoch technologische Maßnahmen der Katastrophenprävention sich als überlegen erweisen können. Oder wird das Projekt, statt bisherige Probleme zu lösen, mehr neue mit sich bringen?

---

[35] Vgl. Hohn, Uta: Ökonomischer und stadtstruktureller Wandel in der Global City Tôkyô –
Von *Rainbow Town* über *Bit Valley* zu *Sillicon Alley*, in: Zeitschrift für Wirtschaftsgeographie,
Heft 3/4 (2002), S. 228-245.

Literaturverzeichnis

Auswärtiges Amt: Japan auf einen Blick,
in: http://www.auswaertiges-amt.de/www/de/laenderinfos/laender/laender_ausga be_html?type_id=2&land_id=69, Stand 15.04.2005.

Blazek, Paul: Megastädte im pazifischen Asien,
in: http://www.geogr.uni-goettingen.de/kus/apsa/pn/pn11/megcity.htm, Stand 15.04.2005.

Bronger, Dirk: Megastädte – Global Cities – Fünf Thesen, in: *Feldbauer,* Peter, Karl *Husa,* Erich *Pilz* und Irene *Stacher* (Hrsg.): Mega-Cities – Die Metropolen des Südens zwischen Globalisierung und Fragmentierung, 1. Auflage, Frankfurt a. M. 1997, S. 37-65.

Feldhoff, Thomas: Pendelverkehr im Ballungsraum Tokyo, in: Geographie heute, Heft 158 (1998), S. 14-19.

Flüchter, Winfried: Megastadt Tôkyô – „Monster" oder „Modell"?, in: Geographie und Schule, Band 19 (1997), Heft Nr. 110, S. 30-38.

Flüchter, Winfried: Eine neue Hauptstadt für Japan?, in: Geographische Rundschau, Heft 6 (2002).

Flüchter, Winfried und Philip J. *Wijers*: Bodenpreisprobleme im Ballungsraum Tôkyō – Raumstrukturen, Ursachen, Wirkungen, Strategien, in: Geographische Rundschau, Heft 42 (1990), S. 196-206.

Focus-Online: Mietspiegel-Datenbank,
in: http://finanzen.focus.msn.de/D/DJ/DJR/DJRA/djra.htm, Stand 13.05.05.

Gaebe, Wolf: Verdichtungsräume, Teubner Studienbücher der Geographie, Stuttgart 1987.

Gøtze, John: Tokyo! – Chapter 6, in: http://www.gotzespace.dk/phd/tokyo.html, Stand 14.05.05.

Hohn, Uta: Ökonomischer und stadtstruktureller Wandel in der Global City Tôkyô – Von *Rainbow Town* über *Bit Valley* zu *Sillicon Alley,* in: Zeitschrift für Wirtschaftsgeographie, Heft 3/4 (2002), S. 228-245.

Hohn, Uta: Renaissance innerstädtischen Wohnens in Tôkyô,
in: Geographische Rundschau, Heft 6 (2002), S. 4-11.

Hohn, Uta und Andreas *Hohn*: Stadtentwicklung an der Waterfront der Bucht von Tôkyô – die japanische Variante, in Geographische Rundschau, Heft 6 (2000), S. 48-55.

Korff, Rüdiger: Globalisierung der Megastädte, in: *Feldbauer,* Peter, Karl *Husa,* Erich *Pilz* und Irene *Stacher* (Hrsg.): Mega-Cities – Die Metropolen des Südens zwischen Globalisierung und Fragmentierung, 1. Auflage, Frankfurt a. M. 1997, S. 21-35.

O.V.: Japan – Land und Leute, in: http://www.ahk.de/bueros/j/japan/landundleute.html, Stand 13.03.2005.

O.V.: Tokio – Ein Überblick über die Geschichte Tokios,
in: http://www.bmkberlin.com/tokio/geschichtetokios.html, Stand 13.04.2005.

O.V.: Tokyo, in: http://www-aniki.info/Tokyo, Stand 15.04.2005.

O.V.: Wikipedia – Die freie Enzyklopädie, http://de.wikipedia.org/wiki/Hauptseite, Stand 09.05.05.

O.V.: Studienführer Japan – Unterkunft,
in: http://www.geophysik.uni-kiel.de/~geo43/other/studienfuehrerjapan/leben/un terkunft.html, Stand 22.05.2005.

Schmals, Klaus M. (Hrsg.) und Ursula *von Petz*: Metropole, Weltstadt, Global City: Neue Formen der Urbanisierung, in: Dortmunder Beiträge zur Raumplanung, Dortmund 1994.

Wegener, Michael: Modell Tokio? – Stadtplanung und Gesellschaft in Japan, in: Dortmunder Beiträge zur Raumplanung, Dortmund 1994.